Rheinisch-Westfälische Akademie der Wissenschaften

Natur-, Ingenieur- und Wirtschaftswissenschaften   Vorträge · N 319

Herausgegeben von der
Rheinisch-Westfälischen Akademie der Wissenschaften

THEO MAYER-KUCKUK

Hermes und das Schaf –
interdisziplinäre Anwendungen
kernphysikalischer Beschleuniger

Westdeutscher Verlag

279. Sitzung am 7. Mai 1980 in Düsseldorf

CIP-Kurztitelaufnahme der Deutschen Bibliothek

Mayer-Kuckuk, Theo:
Hermes und das Schaf – interdisziplinäre Anwendungen kernphysikalischer Beschleuniger / Theo Mayer-Kuckuk. – Opladen: Westdeutscher Verlag, 1983.
(Vorträge / Rheinisch-Westfälische Akademie der Wissenschaften: Natur-, Ingenieur- u. Wirtschaftswiss.; N 319)

NE: Rheinisch-Westfälische Akademie der Wissenschaften ⟨Düsseldorf⟩: Vorträge / Natur-, Ingenieur- und Wirtschaftswissenschaften

© 1983 by Westdeutscher Verlag GmbH Opladen
Herstellung: Westdeutscher Verlag
ISSN 0066–5754
ISBN-13: 978-3-531-08319-3   e-ISBN-13: 978-3-322-85714-9
DOI: 10.1007/978-3-322-85714-9

Inhalt

Theo Mayer-Kuckuk, Bonn
Hermes und das Schaf – interdisziplinäre Anwendungen
kernphysikalischer Beschleuniger

1. Einleitung	7
2. Datierung mit kosmogenen Radio-Nukliden	9
3. Teilcheninduzierte Röntgenfluoreszenz	19
Literatur	28

Diskussionsbeiträge
Professor Dr. phil. *Franz Wever;* Professor Dr. rer. nat. *Theo Mayer-Kuckuk;* Professor Dr. phil. *Maximilian Steiner;* Professor Dr. phil. *Karl J. Narr;* Professor Dr. rer. nat. *Dietrich H. Welte;* Professor Dr. phil. nat. habil. *Hermann Flohn;* Professor Dr.-Ing. *Herbert Döring;* Professor Dr.-Ing. *August Wilhelm Quick* †; Professor Dr. rer. nat. *Werner Schreyer* 29

1. Einleitung

Die Erforschung der Atomkerne und ihrer Umwandlungen hat von Anfang an, nämlich seit Entdeckung der Radioaktivität, zu ungezählten Anwendungen geführt. Viele haben für andere wissenschaftliche Disziplinen große Bedeutung erlangt. Das bekannteste Beispiel ist die Anwendung von Strahlenquellen und radioaktiven Isotopen in der medizinischen Diagnostik und Therapie. Wohlbekannt ist auch die Nutzung des radioaktiven Zerfalls als „Uhr" zu Datierungszwecken. Sie beruht auf der früh gewonnenen Erkenntnis, daß sich die Halbwertzeit eines radioaktiven Zerfalls durch äußere Bedingungen, wie Temperatur, Druck oder Magnetfelder, nicht beeinflussen läßt. Daher ist das Verhältnis von Mutter- zu Tochter-Substanz in einer Probe ein Maß für die Zeit, die verstrichen ist, seit die Probensubstanz aus dem Gleichgewicht mit ihrer Umgebung ausgeschieden ist. Unsere zeitlichen Vorstellungen von der Entstehung der Erde und des Sonnensystems basieren weitgehend auf dieser Methode. Im Rahmen wesentlich kürzerer Zeiträume gestattet die Radiokohlenstoff-Datierung die Ermittlung von Daten aus geschichtlichen und frühgeschichtlichen Zeiten.

Hier soll berichtet werden über die Weiterentwicklung solcher Methoden, mit denen die Kernphysik zu Nachbarwissenschaften, insbesondere zur Archäologie, beitragen kann. Speziell beschränken möchte ich mich dabei auf die Möglichkeiten, die sich aus der direkten Anwendung von kernphysikalischen Beschleunigeranlagen ergeben. Das ist eigentlich nur eine Facette des Themas „Beschleuniger und unsere Kultur". Die Hauptaufgabe der Beschleunigeranlagen besteht natürlich darin, den Blick in den Mikrokosmos der subatomaren Strukturen in ähnlicher Weise zu öffnen, wie die großen Teleskope den Blick zum Weltraum öffnen. Neben dieser Hauptaufgabe haben Beschleuniger vielseitige Wechselbeziehungen zur Technik und zu anderen Disziplinen. In Abbildung 1 sind einige dieser Bereiche dargestellt. Diese Übersicht soll nicht im einzelnen diskutiert werden. Das Folgende soll sich beschränken auf Anwendungen im Bereich des untersten Kästchens mit der Überschrift „Archäometrie".

Archäometrie ist die Vermessung und Analyse archäologischer Gegenstände mit naturwissenschaftlichen, insbesondere physikalisch-technischen Meßmethoden. Es gibt dabei im wesentlichen drei Hauptaufgaben:

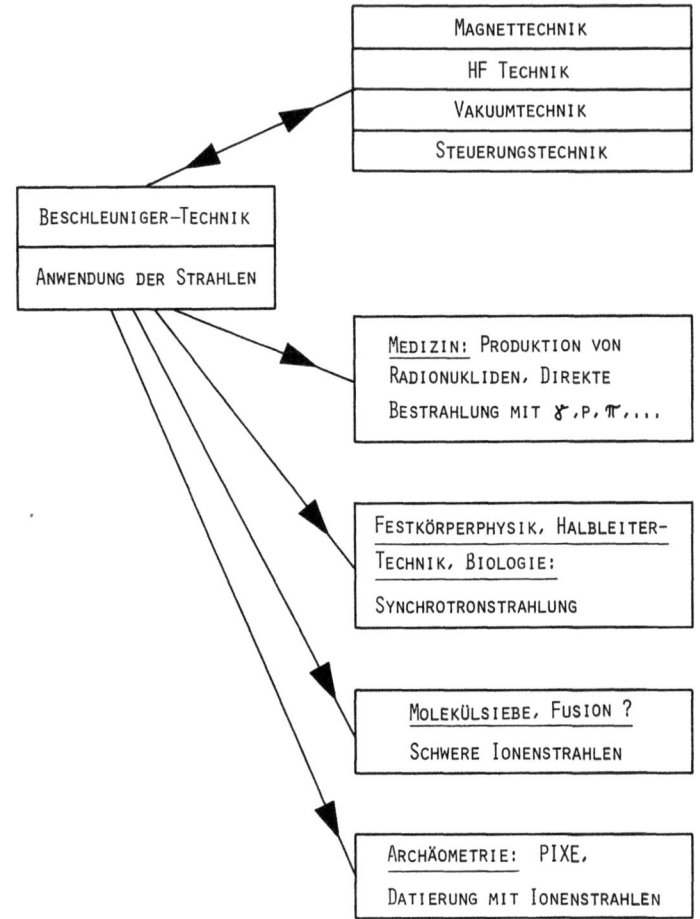

Abb. 1: Wechselbeziehungen zwischen Teilchenbeschleunigern und angewandten Gebieten

1. Die archäologische Prospektierung, d. h. die Lokalisierung von verborgenen Objekten;
2. Die Altersbestimmung;
3. Die vergleichende Analyse zum Zwecke der Zuordnung und Echtheitsbestimmung.

In Tabelle 1 ist eine Reihe von physikalischen Methoden zu den einzelnen Aufgaben stichwortartig dargestellt. Zu jeder der drei Hauptaufgaben gibt es eine ganze Reihe verschiedener Methoden, die aber alle ihre Schwierigkeiten und Begrenzungen haben, so daß jede Verbesserung und Erweiterung des Instrumentari-

1. Lokalisierung von Objekten

   a) Photographische Methoden
   b) Leitfähigkeitsmessung
   c) Magnetische Feldmessung, Induktionsmessung

2. Altersbestimmung

   a) Radioaktiver Zerfall (z. B. ^{14}C, ^{40}K/^{40}Ar, Th-U)
   b) Aufsummation lokaler radioaktiver Prozesse in der Probe (Thermoluminiszenz, Spaltspurenzählung)
   c) Isotopenverhältnisse (z. B. ^{18}O/^{16}O)
   d) Archäomagnetismus (Wanderung des magnetischen Poles, beobachtet durch thermoremanenten Magnetismus)

3. Vergleichende Analysen

   a) Spektrographische Methoden
   b) Methoden mit Röntgenstrahlen (Fluoreszenz, Mikrosonde, PIXE)
   c) Neutronen-Aktivierungsanalysen
   d) Isotopenanalysen
   e) Mössbauer-Spektrometrie

Tabelle 1: Hauptaufgaben und physikalische Methoden der Archäometrie

ums von großer Bedeutung ist. Es soll hier über zwei Teilbereiche dieser Tabelle geredet werden, über die Datierung mit Radio-Nukliden (2a) und über Elementaranalyse durch teilcheninduzierte Röntgenfluoreszens (3b).

2. Datierung mit kosmogenen Radio-Nukliden

Wir beginnen mit einem Blick auf die herkömmliche Radiokohlenstoff-Datierung. Das Prinzip ist in Abbildung 2 erläutert. Unter dem Einfluß der kosmischen Strahlung wird in der Atmosphäre durch eine Kernreaktion aus Stickstoff das radioaktive Kohlenstoff-Isotop ^{14}C gebildet, das durch β-Zerfall unter Emission eines Elektrons mit einer Halbwertzeit von 5730±40 Jahren in Stickstoff (^{14}N) zurück zerfällt. Bei konstanter Produktionsrate stellt sich in der Atmosphäre daher ein festes Verhältnis von normalem Kohlenstoff ^{12}C zu ^{14}C ein. Es beträgt ungefähr 10^{12}:1. Dieses Verhältnis findet sich auch in allen lebenden Organismen, die am Kohlenstoffkreislauf beteiligt sind. Wenn durch Absterben des Organismus oder auf andere Weise das Material vom Kohlenstoffaustausch mit der Atmosphäre abgetrennt wird, nimmt dessen Gehalt an ^{14}C entsprechend dem Zerfallsgesetz ab. Daher ist der ^{14}C-Gehalt ein Maß für die Zeit nach dem Absterben. Man bestimmt den ^{14}C-Gehalt durch Zählen der radioaktiven Zerfälle in der Probe. Die Verhältnisse sind in Abbildung 2 unten dargestellt. Die Figur zeigt, daß für 1 g

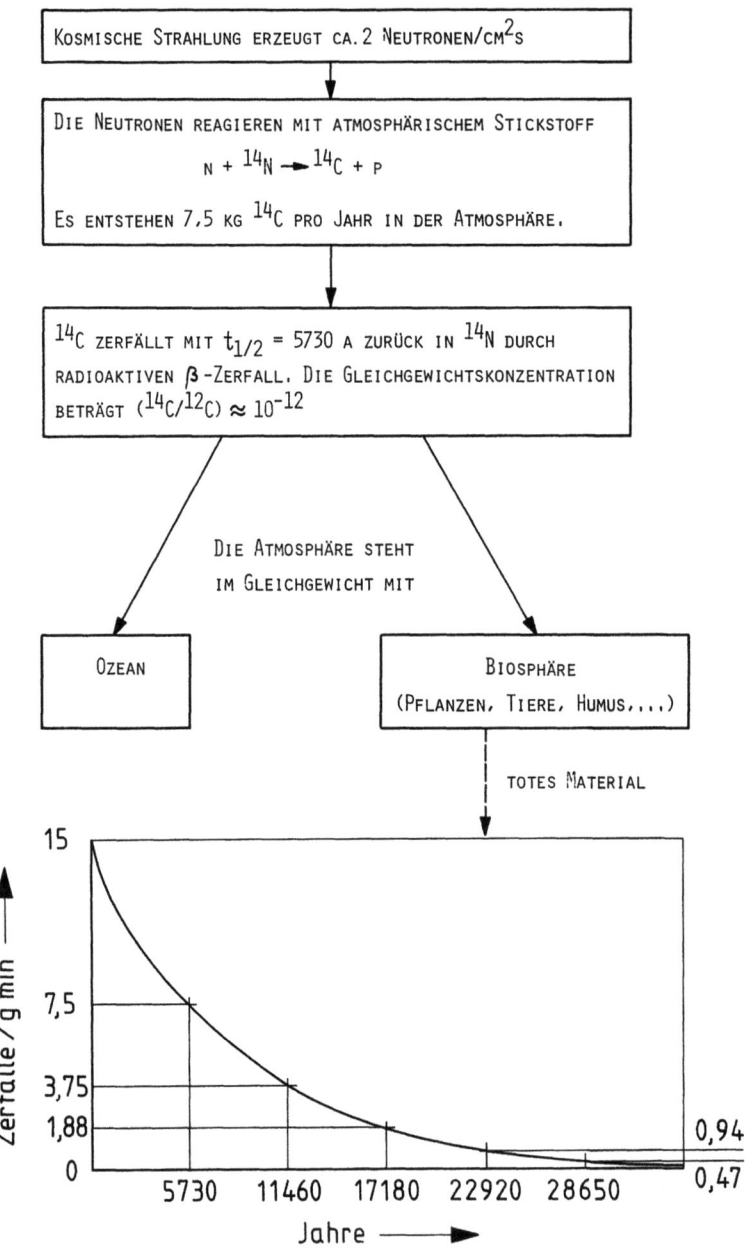

Abb. 2: Prinzip der herkömmlichen Methode zur Datierung mit Radiokohlenstoff ¹⁴C

Kohlenstoff die Zerfallsrate innerhalb von 23 000 Jahren von 15 pro Minute auf 2 pro Minute abnimmt. Um eine Probe dieses Alters zu datieren, braucht man bei 1 g Kohlenstoff eine Meßzeit von etwa 170 Stunden (für einen Zählratenfehler von 1%). Diese geringe Empfindlichkeit kommt daher, daß man ja im Mittel etwa 8270 Jahre warten muß, bis ein ^{14}C-Kern zerfällt und dadurch ein Signal für den Nachweis liefert. Man braucht also immer sehr viele Atome für eine Messung, nämlich etwa 4 Milliarden, wenn man einen Zerfall pro Minute beobachten will.

Es wäre naheliegend, die ^{14}C-Atome direkt nachzuweisen, ohne auf ihren Zerfall zu warten. Dazu bietet sich im Prinzip ein Massenspektrometer an, mit dem man ^{14}C von ^{12}C leicht trennen kann. Leider ist dieser Weg in der Praxis nicht gangbar, weil ein ^{14}C-Atom fast genau die gleiche Masse hat wie ein Atom des gewöhnlichen Stickstoffs ^{14}N. Die beiden Nuklide können im Massenspektrometer daher nicht hinreichend getrennt werden und der überall vorhandene Stickstoff deckt den Radiokohlenstoff zu. Der geringe Unterschied in den Massen der beiden Isobare ^{14}C und ^{14}N ist kein Sonderfall, wie die nachher zu erwähnenden Beispiele zeigen. Er rührt daher, daß die Bindungsenergie benachbarter Kerne gleicher Nukleonenzahl oft sehr ähnlich ist.

Es gibt nun einen prinzipiellen Ausweg aus dieser Schwierigkeit, der aber erst in jüngster Zeit beschritten werden konnte. Die beiden Kerne $^{14}_{6}$C und $^{14}_{7}$N haben verschiedene elektrische Ladung. Sie ist in Einheiten der Elementarladung unten links am Symbol angeschrieben. Wenn man nun bei beiden Atomen die Elektronenhülle vollständig abstreift und nackte Kerne erzeugt, kann man die beiden Nuklid-Sorten in einem magnetischen oder elektrischen Feld leicht trennen. Das Abstreifen der Elektronen kann man erreichen, wenn man die Atome als Ionen auf hohe Geschwindigkeit beschleunigt und dann durch eine dünne Materieschicht laufen läßt. Diese Trennung nach der Kernladung, bei der sehr schnelle Ionen für den Abstreifvorgang gebraucht werden, ist der Grundgedanke bei der „Beschleuniger-Datierung".

Die Techniken, mit denen man eine solche Trennung und Identifizierung der isobaren Kerne ^{14}N und ^{14}C in der Praxis durchführen kann, basieren auf den Erfahrungen der Kernphysiker mit der Erzeugung und dem Nachweis schwerer Ionen. Es gibt zwei etwas verschiedene Entwicklungslinien, je nachdem, ob als Beschleuniger ein Zyklotron oder ein Van-de-Graaff-Generator verwendet wird. Beide sollen kurz beschrieben werden.

Ein Zyklotron ist ein Beschleuniger, bei dem Ionen (elektrisch geladene Atome) in einem Magnetfeld auf einer Kreisbahn laufen und dabei durch ein im richtigen Takt gesteuertes elektrisches Hochfrequenzfeld beschleunigt werden. Die „Resonanz-Bindung", d.h. die richtige Kombination von Hochfrequenz und Magnetfeld, bei der Beschleunigung eintritt, hängt vom Verhältnis e/m von Ladung

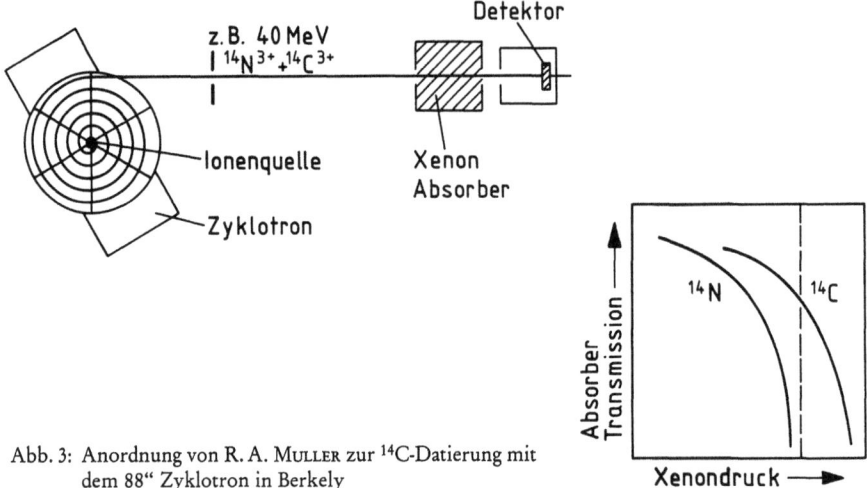

Abb. 3: Anordnung von R. A. Muller zur ^{14}C-Datierung mit dem 88" Zyklotron in Berkely

zu Masse des beschleunigten Teilchens ab. Man kann daher ein Zyklotron als Hochfrequenz-Massenseparator benutzen.[1]

Wenn man das Zyklotron auf Beschleunigung von Teilchen der Masse 14 einstellt, wird der Strahl im allgemeinen ein Gemisch von ^{14}C und ^{14}N enthalten. An einem solchen Strahl hat R. A. Müller in Berkely 1976/77 die erste Anordnung zum Nachweis von ^{14}C aufgebaut [2, 3]. Sie ist in Abbildung 3 dargestellt. Dreifach positiv geladene Ionen der Masse 14 werden im Zyklotron auf eine Energie von ca. 40 MeV beschleunigt. Diese Energie reicht zwar nicht aus, die Elektronen in der eben erwähnten Weise von den Atomen völlig abzustreifen, aber man kann einen anderen, ebenfalls von der verschiedenen Kernladung verursachten Effekt zur Trennung benutzen. Die Hüllenelektronen haben verschiedene Bindungsenergien, und dies bewirkt, daß die Ionen beim Durchgang durch Materie verschieden stark gebremst werden. In einem Absorber haben daher die Kohlenstoffionen eine größere Reichweite als die Stickstoffionen mit der größeren Kernladung. Dies gestattet prinzipiell eine Trennung. Da es jedoch stets eine gewisse Streuung der Reichweiten gibt, muß ein Absorber für diesen Zweck sehr sorgfältig konstruiert sein. In der beschriebenen Anordnung wurde dafür eine mit Xenon gefüllte Gaszelle benutzt. Um ganz sicher zu gehen, werden die aus der Absorberzelle austretenden ^{14}C-Ionen mit einer der in der Kernphysik entwickelten Techniken als solche identifiziert. Dies geschieht durch Kombination eines Ener-

---

[1] In der Tat geht die hier beschriebene Entwicklungslinie auf von L. W. Alvarez angeregte Versuche zurück, das Zyklotron in Berkely zur Suche nach Quarks mit ein Drittel elektrischer Ladung zu verwenden [1].

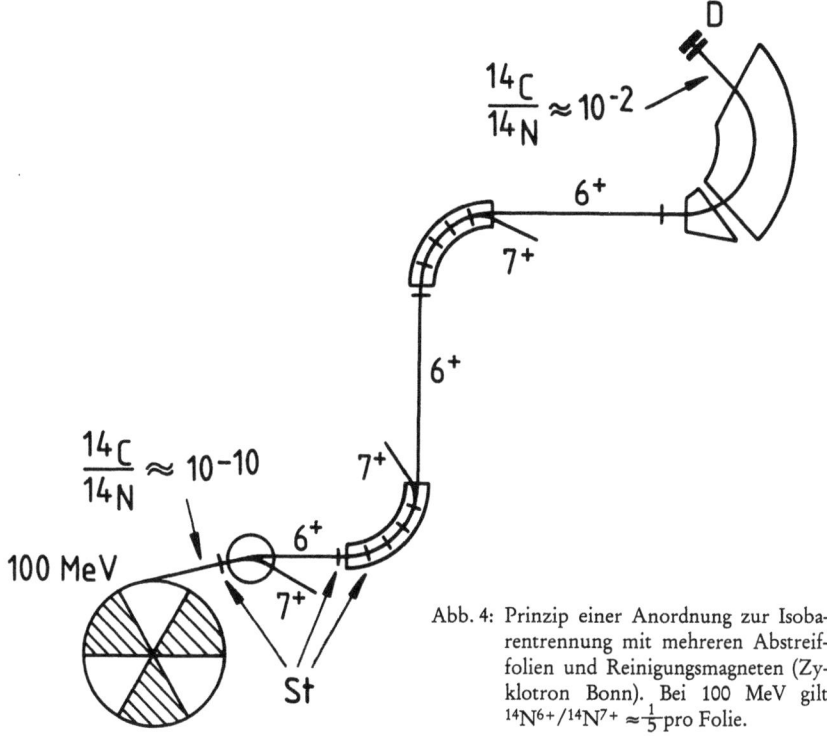

Abb. 4: Prinzip einer Anordnung zur Isobarentrennung mit mehreren Abstreiffolien und Reinigungsmagneten (Zyklotron Bonn). Bei 100 MeV gilt $^{14}N^{6+}/^{14}N^{7+} \approx \frac{1}{5}$ pro Folie.

gieverlustsignals in einem dünnen Detektor mit einer Bestimmung der Gesamtionisation. Mit dieser Anordnung lassen sich in der Tat einzelne C^{14}-Ionen nachweisen. Ihre Empfindlichkeit hängt von der Ausbeute des Systems Ionenquelle-Beschleuniger ab, d. h. davon, wie viele der in der Quelle eingebrachten Atome in den Strahl transportiert werden können. Diese Strahlausbeute liegt in der Größenordnung von 10^{-5} bis 10^{-3}. Die Konsequenz ist eine Empfindlichkeit im Nachweis von ^{14}C-Atomen, die mindestens um einen Faktor 1000 größer ist, als bei der Beobachtung radioaktiver Zerfälle.

Ein anderer Aufbau, der von der verschiedenen Ladung nackter Kerne direkt Gebrauch macht, ist in Abbildung 4 für das Bonner Zyklotron skizziert. Es liefert eine Ionenenergie von 100 MeV, die es erlaubt, beim Durchgang des Strahls durch eine Folie die Elektronen mit einer Ausbeute von 84% für ^{14}N bzw. 92% für ^{14}C völlig abzustreifen. Die Ionen ^{14}N und ^{14}C können dann durch ein Magnetfeld leicht getrennt werden. Schaltet man 11 solcher Trennstrecken hintereinander, erreicht man eine ausreichende Separation von $5 \cdot 10^{-9}$. Bisher sind für eine Nutzung des Bonner Zyklotrons zu solchen Zwecken jedoch nur Testmessungen durchgeführt worden, um die prinzipielle Möglichkeiten zu klären.

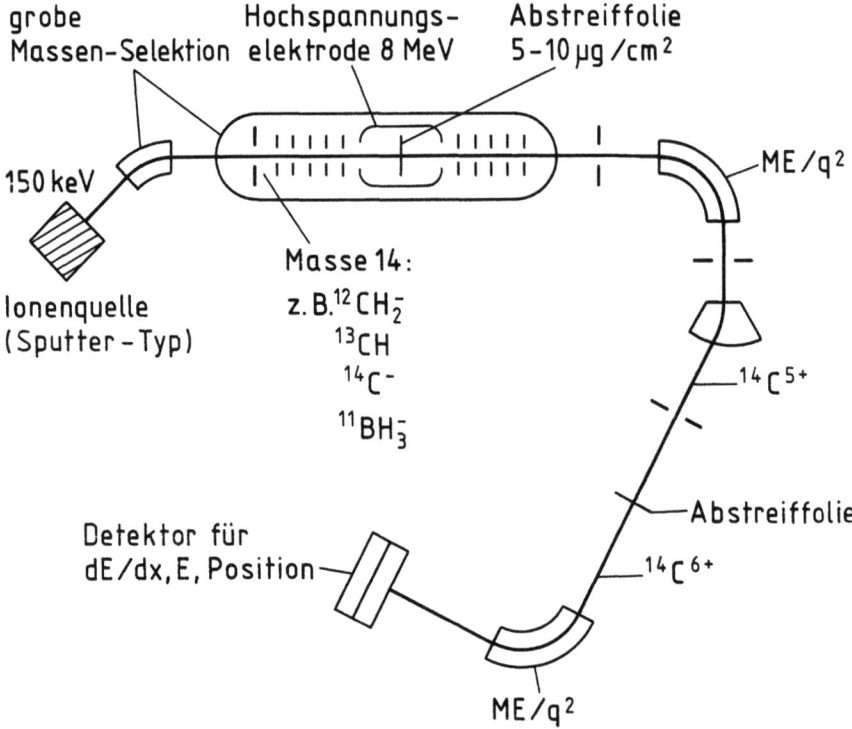

Abb. 5: Anordnung zum ¹⁴C Nachweis am Van-de-Graaff-Beschleuniger in Rochester [4].

Bei der anderen Entwicklungslinie der Beschleuniger-Datierung werden statt eines Zyklotrons elektrostatische Van-de-Graaff-Generatoren benutzt. Der Aufbau des ersten in Rochester durchgeführten Experiments dieser Art ist in Abbildung 5 dargestellt [4]. Kernstück ist der Tandem-Van-de-Graaff-Generator, in dessen Mitte sich eine Elektrode in Form einer Metallkugel befindet, die auf 5 bis 10 Millionen Volt positive Spannung aufgeladen wird. Man erzeugt nun in der Ionenquelle durch Anlagerung von Elektronen *negative* Ionen, die in Richtung auf die Hochspannungselektrode beschleunigt werden. Im Inneren der Elektrode durchlaufen die nun hochenergetischen Ionen eine dünne Folie. Dabei werden eine Reihe von Elektronen, z.B. 5, von der Elektronenhülle entfernt. Jetzt sind die Ionen positiv geladen und werden wiederum beschleunigt, wenn sie auf Erdpotential zurücklaufen und den Beschleuniger verlassen. Betrug die Elektrodenspannung 10 MeV, so erhielten die Ionen bei der ersten Stufe 10 MeV Energie, bei der zweiten 5×10 MeV, also insgesamt 60 MeV. Dieses seit langem für kernphysikalische Experimente benutzte Gerät läßt sich aus folgenden Gründen sehr vorteilhaft für Datierungen einsetzen: Der Beschleunigungsprozeß beginnt mit negativen Io-

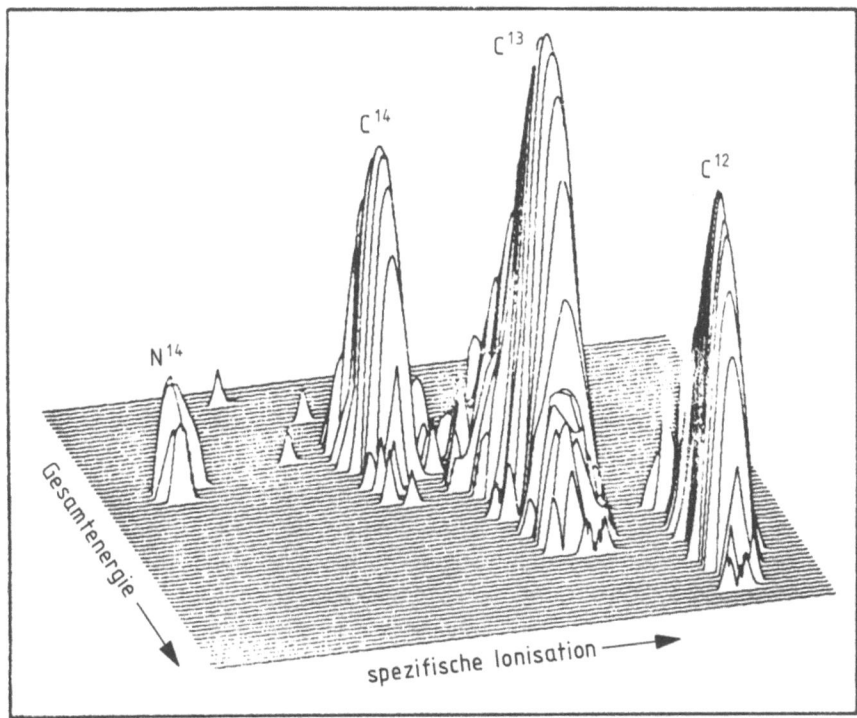

Abb. 6: Teilchenidentifizierung bei einer ^{14}C-Messung (TIR-Gruppe). Nach oben ist der Logarithmus der Zählrate aufgetragen. Die ^{14}N-Nuklide rühren vom Molekül ^{14}NH$^-$ her (nach [5]).

nen, die durch Anlagerung eines Elektrons an ein Atom entstehen. Es ist nun zwar relativ leicht möglich, negative Kohlenstoff-Ionen zu erzeugen, negative Stickstoff-Ionen jedoch lassen sich aus atomphysikalischen Gründen nicht herstellen. Es wird also bereits in der Ionen-Quelle Stickstoff von Kohlenstoff getrennt. Andererseits hat ein Van-de-Graaff-Generator nicht wie ein Zyklotron die Eigenschaften eines Massenseparators, so daß andere Ionen, z. B. ^{14}NH$^-$, mit beschleunigt werden. Daher ist eine nachträgliche Ionisierung und Trennung nötig. In der dargestellten Anordnung geschieht dies durch eine zweite Abstreiffolie mit einem Trennmagneten und einem nachgeschalteten Detektor zur Teilchenidentifizierung. Der Detektor beruht auf dem schon erwähnten Prinzip der gleichzeitigen Messung von spezifischer Ionisation dE/dx und Gesamtionisation. Abbildung 6 zeigt das typische Ergebnis einer solchen Registrierung. In der E-dE/dx-Ebene können die auftretenden Nuklide unterschieden werden, nach oben ist die Zählrate aufgetragen. Die ^{14}C-Nuklide sind deutlich von den Resten der anderen Kohlenstoffnuklide getrennt. Es sei noch einmal daran erinnert, daß das normale ^{14}C/^{12}C-Konzentrationsverhältnis 1:10^{12} beträgt.

Probe	Meßzeit	Beschleuniger-Alter (a)	Radioaktives Alter (a)
Mt. Hood	90 min	220 ± 300	220 ± 150
Lake Agassiz	90 min	8 800 ± 600	9150 ± 300
Graphit	65 min	48 000 ± 1300	–
Typische Probenmenge und Meßzeit		10 mg 1 Stunde	10 g 2 Tage

Tabelle 2: Einige Datierungsergebnisse der TIR-Gruppe (Toronto, General Ionex Corp., Rochester) [6].

Worin besteht nun die Bedeutung der neuen Nachweismethoden? Das kann am besten an Hand von Tabelle 2 illustriert werden, in der einige vergleichende Meßresultate für ^{14}C-Datierung nach der herkömmlichen Methode und mit Hilfe der Beschleunigerdatierung zusammengestellt sind.

Die Tabelle zeigt, daß die enorm gesteigerte Empfindlichkeit es ermöglicht, mit kleinsten Probenmengen in der Größenordnung von einigen Milligramm innerhalb kurzer Zeit eine Datierung mit guter Genauigkeit durchzuführen. Daher werden nun auch kleinste Proben der Datierung zugänglich. Dies ist entscheidend z. B. bei Manuskriptstücken, Holzkohleresten in gebranntem Ton, Samen, Insekten, Knochensplittern, einzelnen Baumringen und ähnlichen Objekten, bei denen einfach nicht genügend Material für eine herkömmliche ^{14}C-Datierung zur Verfügung steht. Andererseits wird es die größere Empfindlichkeit möglich machen, den datierbaren Zeitbereich von bisher 40 000 bis 50 000 Jahren auf etwa 100 000 Jahre auszudehnen.

Die volle Bedeutung der Isobarentrennung mit Hilfe von Beschleunigern wird aber erst deutlich, wenn man einen Blick auf andere Radionuklide wirft, die durch kosmische Strahlung erzeugt werden. Ihre Anwendung zur Datierung eröffnet die interessantesten Perspektiven. Bisher konnte jedoch davon kaum Gebrauch gemacht werden, da eine hinreichend empfindliche Nachweismethode fehlte. Einige dieser kosmogenen Radionuklide sind in Tabelle 3 zusammengestellt. Neben dem Nuklid ist jeweils das stabile Isobar angegeben, von dem es abgetrennt werden muß, sowie das entsprechende Konzentrationsverhältnis. Interessant sind vor allem die Nuklide mit einer Halbwertzeit in der Größenordnung von ca. 10^6 Jahren, da sie eine völlig neue Zeitskala eröffnen. Die Herstellung und Beschleunigung der entsprechenden Ionenstrahlen bereitet keine prinzipiellen Schwierigkeiten, ebenso kann der Nachweis in der beim Radiokohlenstoff beschriebenen Art erfolgen. An Hand der Radionuklide ^{10}Be und ^{36}Cl seien einige mögliche Anwendungen beispielhaft erläutert.

Beryllium 10 entsteht in der Atmosphäre durch Spallation von Stickstoff durch kosmische Strahlung. Es hat eine Halbwertzeit von $1,5 \cdot 10^6$a. An der Erdober-

Radionuklid	störendes Isobar	irdisches Konzentrations-Verhältnis	Halbwertzeit	mögliche Anwendung
$^{3}_{2}H$	$^{3}_{2}He$		12,3 a	Hydrologie, Biologie
$^{10}_{4}Be$	$^{10}_{5}B$	10^{-8}	$1,6 \cdot 10^{6}$ a	Meeressedimente
$^{14}_{6}C$	$^{14}_{7}N$	10^{-12}	5730 a	Archäologie, Klimageschichte
$^{26}_{13}Al$	$^{26}_{12}Mg$	10^{-14}	$7,2 \cdot 10^{6}$ a	Meeressedimente
$^{32}_{14}Si$	$^{32}_{16}S$	10^{-15}	280 a	
$^{36}_{17}Cl$	$^{36}_{18}A$	10^{-13}	$3 \cdot 10^{5}$ a	Altes Grundwasser
$^{39}_{18}A$	$^{39}_{19}K$	10^{-15}	269 a	Hydrologie
$^{41}_{20}Ca$	$^{41}_{19}K$	10^{-14}	$1,3 \cdot 10^{5}$ a	Knochendatierung
$^{81}_{36}Kr$	$^{81}_{35}Br$	10^{-13}	$2 \cdot 10^{5}$ a	Meteoriten, Kosmochemie

Tabelle 3: Einige kosmogene Radionuklide

fläche wird das ^{10}Be von der Meeresoberfläche und dem Polarkreis aufgenommen. Es sinkt schließlich zum Meeresboden ab und wird in Meeressedimenten und Manganknollen eingebaut. Daher kann ^{10}Be prinzipiell zur Datierung von Sedimenten verwendet werden. Obwohl dies seit mehr als zwanzig Jahren bekannt ist, fehlt bisher jede systematische Untersuchung, da die natürliche ^{10}Be-Konzentration äußerst gering ist, so daß eine Bestimmung aus den radioaktiven Zerfällen ungemein aufwendig ist. Bereits die ersten Messungen mit der Beschleunigermethode durch eine Orsay-Grenoble-Gruppe (RAISBECK et al. [7]) haben gezeigt, daß man mit 10 l Schmelzwasser von antarktischem Eis in etwa 20 Minuten eine ^{10}Be-Bestimmung machen kann, für die man früher etwa 1 Million Liter und sehr ausgedehnte Aktivitätsbestimmungen brauchte. Damit eröffnet sich die Möglichkeit zu einer systematisch angelegten Untersuchung von Sedimenten.

Die Empfindlichkeit solcher Messungen sei anhand von Abbildung 7 demonstriert. Sie zeigt eine Messung des $^{10}Be/^{9}Be$ Verhältnisses in einer Manganknolle aus dem Südpazific, und zwar als Funktion der Tiefe unter der Knollenoberfläche. Diese Messung wurde am Tandem-Beschleuniger der Yale-Universität durchgeführt [8]. Aus dem gemessenen Konzentrationsprofil ergibt sich eine Modell-Wachstumsrate der Knolle von 1,3 mm pro Million Jahre.

Interessant ist, daß das ebenfalls in Tabelle 3 aufgeführte Radionuklid ^{26}Al hinsichtlich der Sedimentierung ähnliche Eigenschaften wie ^{10}Be hat. Wenn man nun an *einer* Probe eine Doppelmessung mit Nukliden von verschiedener Halbwertzeit macht, wird man von Schwankungen der Produktionsrate unabhängig und kann diese viel mehr bestimmen. Daher kann man aus solchen Doppeldatierungen Rückschlüsse auf den zeitlichen Verlauf in der Intensität der kosmischen

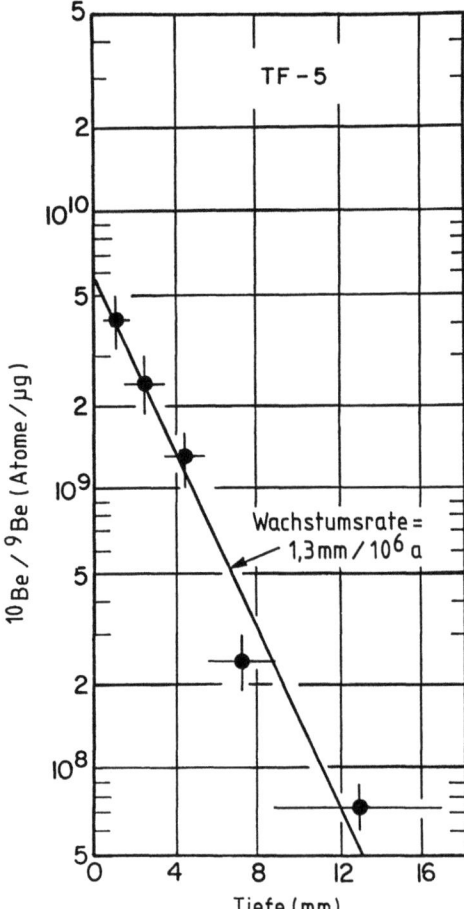

Abb. 7: Messung der ^{10}Be-Konzentration als Funktion der Tiefe in einer Manganknolle (nach [8]).

Strahlung ziehen. Solche Intensitätsschwankungen der kosmischen Strahlung können mit der Variation des erdmagnetischen Feldes zusammenhängen oder andere Ursachen haben. Unter anderem wurde bereits vorgeschlagen, eine beobachtete Anomalie im ^{10}Be/^{26}Al-Verhältnis durch die Explosion einer nahegelegenen Supernova in jüngerer Zeit zu deuten.

Das andere Radionuklid, das hier noch erwähnt werden soll, Chlor 36, hat eine Halbwertzeit von $3 \cdot 10^5$ Jahren und erscheint an der Erdoberfläche chemisch gebunden in der Form von löslichen Chloriden. Es eignet sich daher vor allem zur Datierung von altem Grundwasser und zur Untersuchung von Bohrkernen polaren Eises. Es spielt außerdem eine Rolle beim kosmochemischen Studium von Meteoriten. Untersuchungen alter Grundwasser haben möglicherweise eine wichtige Bedeutung für die Beurteilung von Endlagerstätten radioaktiven Materials.

Diese wenigen Beispiele von Anwendungsmöglichkeiten der „Isobarentrennung mit beschleunigten Ionenstrahlen" sollen hier genügen. Noch ist die Methode als solche in der Entwicklung und es gibt wenig auf Anwendungen spezialisierte Laboratorien. Gegenwärtig gibt es drei Institute, die sich im Zusammenhang mit bereits existierenden Datierungsprogrammen ganz auf die neue Technik konzentrieren, nämlich in Toronto (Kanada), Oxford (England) und Tucson (Arizona, USA). In Tucson ist der erste eigens für diesen Zweck errichtete Beschleuniger in Betrieb genommen worden.

Daneben wird eine Reihe von Untersuchungen neben dem kernphysikalischen Forschungsprogramm an existierenden Beschleunigern durchgeführt (z. B. in Grenoble, Orsay, Nagoya, Yale, Zürich). Allerdings sind diese Beschleuniger für den angestrebten Zweck meist viel zu aufwendig. Besonders interessant ist deshalb ein Vorschlag von R. A. MULLER et al. [9], die Selektivität einer Ionenquelle für negative Ionen mit der Massenselektivität eines Zyklotrons zu paaren. Das wäre möglich in allen Fällen, in denen das störende Isobar keine negative Ionen bildet, also z. B. bei ^{14}C. Negative Ionen können entsprechend diesem Vorschlag in ein sehr kleines Zyklotron mit einer Endenergie von nur ca. 100 keV eingeschossen und in möglichst vielen Umläufen beschleunigt werden, so daß eine hohe Massenseparation erreicht wird. Eine besondere Teilchenidentifizierung wäre dann unnötig. Wenn das funktioniert, wäre ein Weg zu relativ kostengünstiger Messung der entsprechenden Radionuklide eröffnet.

3. Teilcheninduzierte Röntgenfluoreszenz

In diesem Abschnitt soll eine ganz andere Anwendung von Teilchenstrahlen für archäometrische Zwecke besprochen werden, nämlich die Röntgenfluoreszenz-Analyse nach Ionisation innerer Elektronenschalen durch einen Stoßprozeß mit geladenen Teilchen. Die international gebräuchliche Kürzel hierfür ist die PIXE *(Particle Induced X-Ray Emission)*. Die Methode ist inzwischen weit verbreitet, und ich halte mich bei der Beschreibung an einige Entwicklungen und Ergebnisse unserer Bonner Gruppe, deren Arbeiten von Herrn Dr. HANS MOMMSEN aus unserem Institut geleitet werden.

Das Prinzip der Methode ist sehr einfach und in Abbildung 8 erläutert. Oben ist der physikalische Prozeß schematisch dargestellt: ein Projektil vom Beschleuniger entfernt durch einen Stoßprozeß ein Elektron aus der K- oder L-Schale eines Atoms. Das Loch wird unter Emission eines charakteristischen Röntgenquants durch Übergang eines Elektrons aus einer höheren Schale gefüllt. Mit den in der Kernphysik vielfach benutzten hochauflösenden Halbleiter-Detektoren läßt sich das Röntgenspektrum der Probe registrieren. Aus Energie und Intensität der

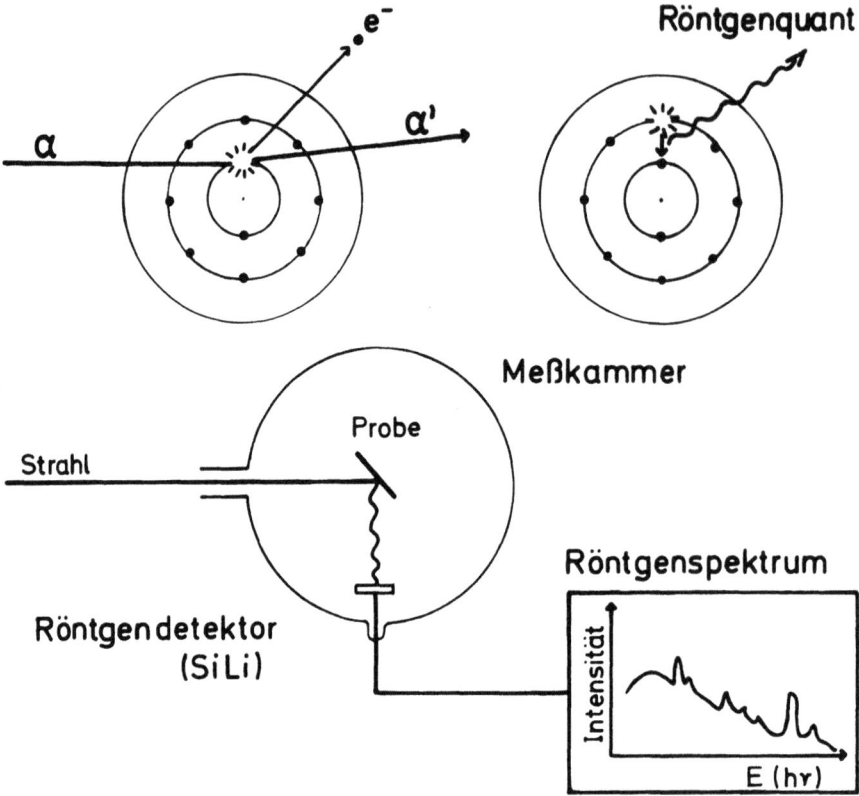

Abb. 8: *Oben:* Skizze zur Stoßionisation in der K-Schale durch ein α-Teilchen
Unten: Prinzip der Meßanordnung

Röntgenlinien wird schließlich die Elementarzusammensetzung der Probe ermittelt. Die sehr einfache Anordnung ist in der Figur unten skizziert.

Es handelt sich dabei um eine empfindliche Analysen-Methode, die meist zum Nachweis von Spurenelementen verwendet wird. Der Gehalt an Spurenelementen kann häufig als eine Art „Fingerabdruck" des Objekts angesehen werden. Einige Vorteile dieser Analysen-Methode liegen auf der Hand, nämlich:

1. Sie ist zerstörungsfrei;
2. Sie hinterläßt keine Spuren;
3. Es werden alle Elemente simultan erfaßt ($Z \geq 15$);
4. Sie ist nicht elementabhängig;
5. Es entsteht kein Langzeitaktivität;
6. Sie ist sehr empfindlich und schnell.

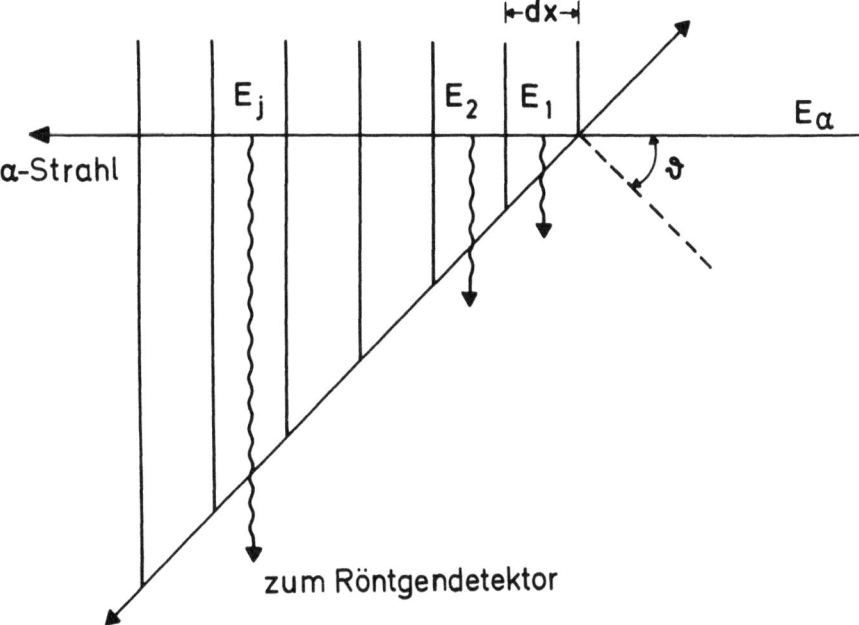

Abb. 9: Skizze zum Problem der quantitativen Analyse mit Röntgenemission nach Stoßionisation. Man denkt sich die Probe in Schichten zerlegt. Für jede Schicht müssen Energie und Stoßquerschnitt des ionisierenden Teilchens und die Spektralverteilung für die Absorption des austretenden Röntgenquants berücksichtigt werden.

Dem stehen allerdings eine Reihe von Nachteilen entgegen. Wegen der starken Absorption der Röntgenstrahlen können nur dünne Schichten an der Oberfläche des Materials untersucht werden. Außerdem müssen die Proben an einem Beschleuniger in eine Vakuumkammer gebracht werden. Große Objekte und nicht vakuumfeste Substanzen sind daher ungeeignet. Ein Hauptnachteil besteht aber wohl darin, daß eine Messung am Beschleuniger relativ teuer und umständlich ist, so daß sich schwer große Untersuchungsreihen zur Gewinnung systematischer Daten durchführen lassen. In diesem Punkt ist die Neutronenaktivierungsanalyse deutlich überlegen. Allerdings erfüllt diese nicht die eben aufgeführten Vorteile 1 bis 5. Eine Hauptanwendung der PIXE-Methode ist daher die Untersuchung kleiner Einzelstücke, vorwiegend aus Metall (wegen $Z \gtrsim 15$), die in keiner Weise zerstört werden dürfen. Solcher Art sind die gleich zu gebenden Beispiele.

In Bonn haben wir die Methodik in zweierlei Weise untersucht. Einmal wollten wir wissen, ob sich der gegenüber Protonen höhere Stoßquerschnitt von α-Teilchen effektiv nutzen läßt. Es hat sich herausgestellt, daß ein Vorteil nur bei extrem dünnen Proben besteht. Andererseits wurde ein Verfahren entwickelt, nicht nur Spurenelemente nachzuweisen, sondern auch quantitative Gesamtana-

Probe	gegebene Zusammensetzung		durch PIXE-Messung ermittelte Zusammensetzung
Bronze 1	Cu	80%	80.3 ± 0.83
	Sn	20%	19.7 ± 0.83
Bronze 5	Cu	95%	94.85 ± 0.25
	Sn	4%	4.1 ± 0.24
	Pb	1%	1.05 ± 0.03
5-DM-Münze	Ag	62,5%	62.6 ± 1.35
(geprägt vor 1975)	Cu	37,5%	37.4 ± 1.35
2-Pf-Münze	Cu	95%	95.17 ± 0.24
(geprägt vor 1968)	Sn	4%	3.92 ± 0.23
	Zn	1%	0.91 ± 0.07

Tabelle 4: Ergebnisse von Vergleichsmessungen zur quantitativen Elementanalyse von Metallobjekten (nach [10])

lysen der Elementarzusammensetzung von Metallobjekten durchzuführen. Hiervon soll kurz berichtet werden. Die Schwierigkeit bei einer Gesamtanalyse besteht im Rückschluß von der Intensität der Röntgenlinien auf die Probenzusammensetzung. Das Problem ist in Abbildung 9 erläutert. Das einfallende Teilchen ionisiert überall längs seiner Bahn mit einem Querschnitt, der mit abnehmender Geschwindigkeit abnimmt. Von jedem Ionisationsort haben die Röntgenstrahlen einen unterschiedlich langen Weg bis zum Austritt aus der Oberfläche, während dessen sie absorbiert werden. Die Absorption hängt von der Linienenergie und der zunächst noch nicht bekannten Elementarzusammensetzung der Probe ab. Es hat sich herausgestellt, daß das Problem zu lösen ist durch eine Modellrechnung, bei der die Probenzusammensetzung als Parameter variiert wird, bis Selbstkonsistenz mit dem beobachteten Spektrum erzielt ist. Damit sind alle sogenannten Matrixeffekte automatisch enthalten und es entfallen die bei Röntgenfluoreszenzanalysen nötigen, sehr aufwendigen Eichmessungen mit geeigneten Standards. Natürlich müssen die Ionisationsquerschnitte in Abhängigkeit von der Energie bekannt sein. Ein solches Verfahren testet man am besten durch Blindversuche an Proben bekannter Zusammensetzung. Tabelle 4 zeigt das Ergebnis einiger solcher Versuche [10]. Die Resultate sind vertrauenerweckend.

Zum Schluß seien zwei Beispiele für die praktische Anwendung dieser Methodik beschrieben. Beide Beispiele haben für Bonn eine lokale Bedeutung und betreffen Objekte im Besitz des Rheinischen Landesmuseums. Beim ersten handelt es sich um die Untersuchung einer mit Sockel 10,4 cm großen Silberstatuette aus spätrömischer Zeit, die bereits 1896 bei Ausgrabungen in der Nähe des heutigen Bundestagsbezirks gefunden wurde. Sie zeigt einen Hermes (oder vielleicht besser Merkur), begleitet von einem Schaf (Tafel I). Das ist eine ungewöhnliche Zusam-

	Ag	Cu	Au	Pb	Fe	Sn
Schulter des Hermes	94.6 ± 0.4	4.05 ± 0.38	1.02 ± 0.11	0.28 ± 0.04	0.05 ± 0.01	–
Körper des Schafs	90.32 ± 0.52	4.56 ± 0.42	0.55 ± 0.07	1.75 ± 0.19	0.17 ± 0.02	2.65 ± 0.22
Sockel vorn	94.56 ± 0.35	3.48 ± 0.32	1.06 ± 0.12	0.72 ± 0.08	0.18 ± 0.02	–
Sockel mit Lot unter dem Schaf	96.68 ± 0.22	2.29 ± 0.04	0.45 ± 0.05	0.42 ± 0.05	0.16 ± 0.02	

Tabelle 5: Gemessene Elementzusammensetzung in Gewichtsprozenten für verschiedene Stellen der Hermes-Statuette (nach [11])

menstellung, und es ist naturgemäß für den Archäologen interessant zu wissen, ob es sich bei dem Tier um eine spätere Ergänzung handelt, wofür auch die gröbere handwerkliche Ausführung spricht. Die Ergebnisse der Röntgenfluoreszenzanalyse, durchgeführt mit 30 MeV α-Teilchen, läßt hierüber keinen Zweifel (Tabelle 5) [11]. Insbesondere der Blei- und Zinngehalt zeigen deutlich, daß es sich beim Schaf um Material anderer Zusammensetzung handelt. In Abbildung 10 sind die entsprechenden Röntgenspektren wiedergegeben. Die wichtigsten Unterschiede sind unmittelbar zu erkennen. Die weitergehende Frage, ob es sich bei dem für das Tier verwendeten Lot um ein solches handelt, wie es erst im letzten Jahrhundert verwendet wurde, konnte allerdings nicht befriedigend geklärt werden. Soviel zu diesem Beispiel, das diesem Vortrag seinen Titel gegeben hat.

Das letzte Beispiel betrifft kriegerische Ereignisse, die im Jahre 1583 zur Eroberung von Poppelsdorf, wo unser Institut steht, und von Bonn (1584) geführt haben. Es handelt sich um „Klippen", das sind Notmünzen, aus dem Kölnischen Krieg. Den Anlaß dazu gab der Kölner Erzbischof und Kurfürst Gebhard Truchseß von Waldburg, der heiraten wollte und zum Protestantismus übertrat. Er wurde durch päpstliche Bulle abgesetzt, verschanzte sich jedoch mit seinen Truppen in Bonn. Dort wurde er von bayerischen und spanischen Truppen im Dienst des Kölner Domkapitels belagert. In dieser Situation ließ er zur Versorgung und Bezahlung seiner Truppen Behelfsmünzen aus requiriertem Silber prägen.

Von diesen Bonner Klippen sind nur ganz wenige übrig, die seit langem als numismatische Raritäten hohen Ranges gelten. Für das Rheinische Landesmuseum sind sie naturgemäß von besonderem Interesse. Eine der Notmünzen ist auf Tafel II wiedergegeben.

Von diesen Münzen waren in der Vergangenheit offenkundige Fälschungen aufgetreten. Im Zusammenhang mit einem Verkaufsangebot einiger solcher Klippen

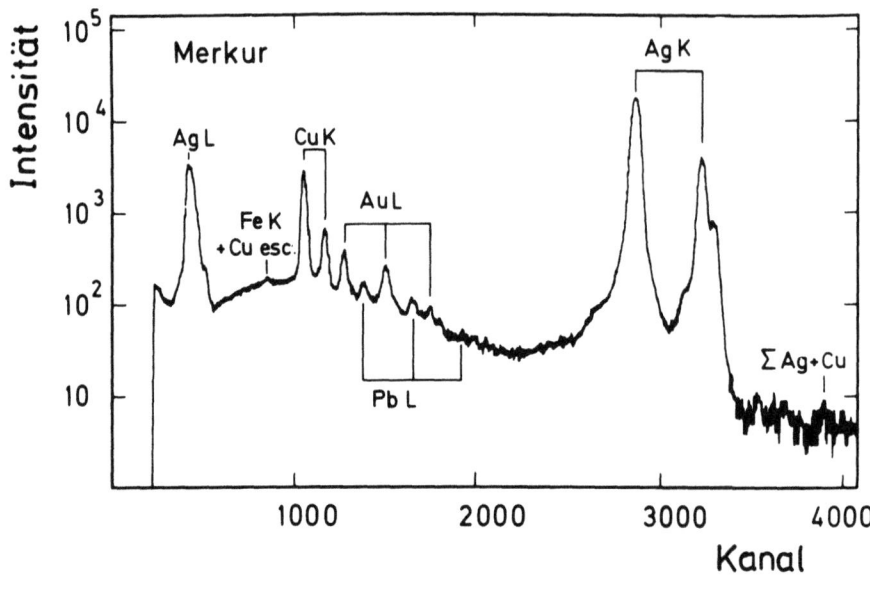
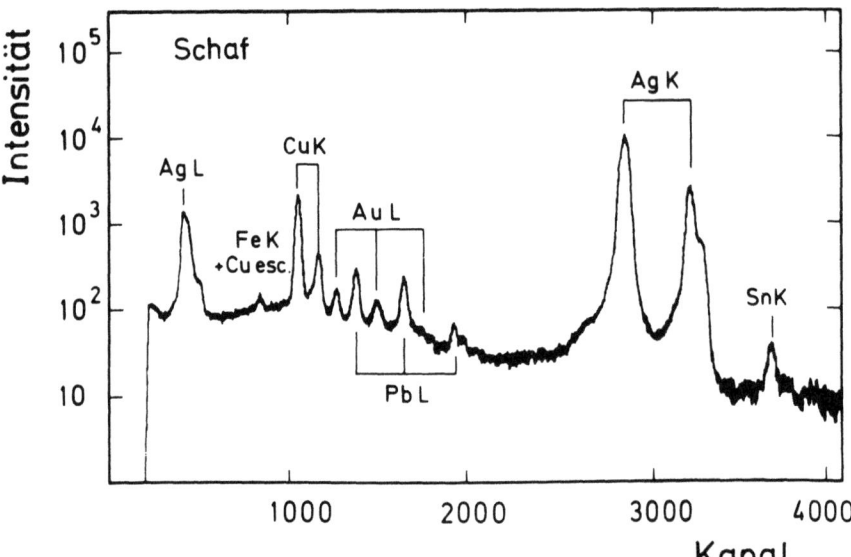

Abb. 10: Vergleich der Röntgen-Impulsspektren für zwei verschiedene Stellen der Statuette

Tafel I: Hermes mit dem Schaf. Spätrömische Silberstatuette im Besitz des Rheinischen Landesmuseums Bonn.

Tafel II: Klippe aus dem Kurkölnischen Krieg 1583/84 (Rheinisches Landesmuseum, Bonn)

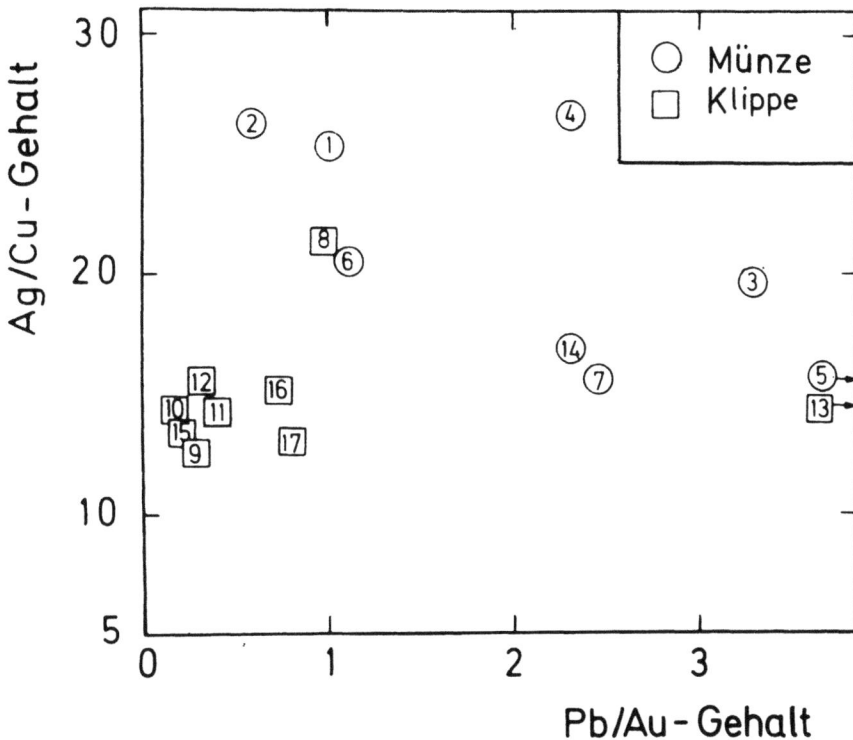

Abb. 11: Diagramm mit Metallgehaltsverhältnissen für verschiedene Münzen und Klippen

an das Rheinische Landesmuseum war es von großem Interesse, Echtheitshinweise zum Vergleich der Zusammensetzung der angebotenen Stücke mit zweifellos echten Klippen aus dem Besitz des Museums zu gewinnen [12]. Das ist eine sehr typische Anwendung der Fluoreszenzmethode, da ihre Vorteile hier voll zum Tragen kommen. In Abbildung 11 ist das sich ergebende Silber/Kupfer-Konzentrationsverhältnis gegen das von Blei/Gold aufgetragen. In dieser Darstellung fallen die echten Klippen in ein eng begrenztes Gebiet. Jedoch unterscheidet sich Nr. 11, eines der fraglichen Stücke, von den anderen durch zu hohen Eisengehalt, der in dieser Darstellung nicht sichtbar ist. Klippe Nr. 8 ähnelt in ihrer Zusammensetzung sehr dem Münzmetall, das zu dieser Zeit gebraucht wurde und könnte daher aus einer solchen Münze nachgeprägt sein. Völlig aus dem Rahmen fällt jedoch Nr. 13. Hier liegt der Verdacht einer Fälschung von der Zusammensetzung her sehr nahe. Diese hier nur kurz geschilderten Ergebnisse waren für das Museum beim Ankauf der Stücke eine wesentliche Hilfe, da gerade die von numismatischer Seite fraglichen Klippen auch eine ungewöhnliche Elementzusammensetzung zeigten.

Soweit die Schilderung der Anwendungsbeispiele. Ein Universitätsinstitut wird naturgemäß keine breiten Routineuntersuchungen als Dienstleistungen für andere Fächer durchführen können, sondern wird sich mehr auf Entwicklung und Verbesserung der Methodik beschränken müssen. Aber auch die Einzelanwendung kann, wie die Beispiele zeigen, zur Klärung interessanter Fragestellungen führen.

Herrn Dr. Hans Mommsen und Herrn Prof. F. Hinterberger möchte ich für ihre freundliche Hilfe bei der Fertigstellung des Manuskripts danken.

Literatur

[1] Muller, R. A., Alvarez, L. W., Holley, W. R. and Stephenson, E. J., Science 196 (1977) 521.
[2] Muller, R. A., Lawrence Berkeley Laboratory, Report LBL-5510 (1976).
[3] Muller, R. A., Science 196 (1977) 489.
[4] Bennett, C. L., Beukens, R. P., Clover, M. R., Gove, H. E., Liebert, R. B., Litherland, A. E., Purser, K. H. and Sondheim, W. E., Science 198 (1977) 508.
[5] Bennett, C. L., Beukens, R. P., Clover, M. R., Elmore, D., Gove, H. E., Kilius, L., Litherland, A. E. and Purser, K. H., Science 201 (1978) 345.
[6] Bennett, C. L., Beukens, R. P., Clover, M. R., Gove, H. E., Liebert, R. B., Litherland, A. E., Purser, K. H. and Sondheim, W. E., Science 198 (1977) 508.
[7] Raisbeck, G. M., Yiou, F., Fruneau, M. and Loiseaux, Science 202 (1978) 215.
[8] Krishnaswami, S., Mangini, A., Thomas, J. H., Sharma, P., Cochran, J. K., Turekian, K. K. and Parker, P. D., Earth and Planetary Science Letters 59 (1982) 217.
[9] Muller, R. A., Tans, P. P., Mast, T. S., Lawrence Berkeley Laboratory, Report LBL-12797 (1981).
[10] Mommsen, H., Beuer, K. G., Fazly, Q., Mayer-Kuckuk, T., Schürkes, P., Forschungsbericht des Landes Nordrhein-Westfalen Nr. 2686, Westd. Verlag, Opladen 1977.
[11] Mommsen, H., Befort, M., Fazly, Q., Schmittinger, T. and Follmann-Schulz, A.-B., Archaeometry 22 (1980) 87.
[12] Mommsen, H., Bauer, K. G. and Fazly, Q., Archaeophysika 10 (1979) 348.

Diskussion

Herr Wever: Zu Ihrer Darstellung des Hermes mit dem kleinen Schäfchen: Ein moderner Kunstgießer würde das wahrscheinlich in zwei Stücken gießen, nicht in einem, weil das viel einfacher zu formen ist, und würde es hinterher zusammenschweißen.

Der Versuch beweist doch nur, daß die Zusammensetzung in dem Metall des Hermes und in dem Schäfchen verschieden ist, daß also beide nicht aus einem Tiegel in einem Guß gegossen wurden. Sie können aber doch in derselben Gießerei hintereinander gegossen und anschließend zusammengeschweißt worden sein. Also ist der Schluß, daß das eine zu irgendeiner Zeit und das andere zu einer ganz anderen Zeit entstanden ist, doch etwas wackelig.

Herr Mayer-Kuckuk: Die Idee war eigentlich, daß man auch noch das Lötzinn, das dazwischen ist, ein wenig genauer untersucht. Das konnte man aber bei dieser Analyse nicht so genau treffen. Die Experten wissen natürlich, welche typischen Legierungen zu welchen Zeiten verwendet worden sind. Tatsächlich unterscheiden sich die Legierungen, die im Altertum für solche Güsse benutzt wurden, gar nicht so sehr voneinander. Der Fachmann kann also schon an der prozentualen Zusammensetzung der Metalle sehen, ob es wahrscheinlich aus der betreffenden Zeit stammt. Auf der anderen Seite sind aber Lötmaterialien, wie sie Ende des letzten Jahrhunderts benutzt wurden, ganz anders als die antiken Lötmaterialien. Wenn es gelungen wäre, herauszubekommen, daß das typische Lötzinn vorliegt, das ein Handwerker oder Goldschmied um 1890 benutzte, dann hätte man wirklich einen Hinweis darauf gehabt, wann die Figur wahrscheinlich angelötet worden ist.

Der Physiker legt natürlich dem Archäologen, der damit arbeitet, zunächst nur einen analytischen Befund vor. Dann kommt es darauf an, ob der Archäologe etwas damit anfangen kann oder nicht. Manchmal sagt er: Eine solche Zusammensetzung ist bisher überhaupt nie vorgekommen. Dann kann man natürlich nicht viel aussagen.

Herr Steiner: Finden die Archäologen oder die Kunsthistoriker eine plausible Erklärung dafür, welches Interesse hinter der Zufügung des Widders gestanden hat? Waren das vielleicht christliche Gründe? Christus als der gute Hirt oder so etwas Ähnliches? Das könnte man sich vorstellen.

Herr Mayer-Kuckuk: Das war in der Tat die Idee, daß da bei der Montage ein christliches Motiv hineingekommen sein kann.

Herr Narr: Der Prähistoriker ist natürlich sehr daran interessiert, möglichst viele Daten zu haben. Einerseits fasziniert es ihn daher, daß jetzt mit so wenig Material gearbeitet werden kann. Andererseits versteht er zu wenig von den Grundlagen. Deshalb darf er sich vielleicht eine dumme Frage erlauben: Ist dieses Verfahren nicht vielleicht so aufwendig, daß die Chancen für seine Anwendung dadurch gering werden?

Herr Mayer-Kuckuk: Das hätte ich vielleicht sagen sollen. Gerade beim Radiokohlenstoff ist die Situation evident. Es gibt auf der Welt inzwischen natürlich viele hundert Datierungslaboratorien, die routinemäßig arbeiten und bei denen eine Datierung nicht viel kostet. Eine Strahlstunde an einem Beschleuniger ist vergleichsweise dazu sehr teuer, jedenfalls an einem dieser großen Beschleuniger, die man in der Pionierphase benutzt, um die Methodik überhaupt zu erarbeiten.

Es ist völlig unsinnig, diese Kernphysikbeschleuniger auf die Dauer zu verwenden, um solche Untersuchungen durchzuführen. Dazu können sie zuviel und sind pro Strahlstunde zu teuer. Aber wenn man das Prinzip physikalisch einigermaßen verstanden hat, beginnt man – und das ist jetzt gerade der Fall –, spezielle Apparate zu konstruieren, und die kann man viel ökonomischer bauen. Es sind vorläufig die drei erwähnten Laboratorien, die das versuchen, nämlich Oxford, Toronto und Tucson. Vermutlich kommen noch mehr hinzu. Diese Laboratorien können vor allen Dingen die Gesamtzeit, die sie an diesem Apparat haben, solchen Untersuchungen widmen; denn das Entscheidende ist oft, daß man große Serien studiert. Das kann kein normales kernphysikalisches Laboratorium. Dieses kann nur die Methodik erarbeiten.

Herr Welte: Sie haben bei der Angabe der Kohlenstoffmengen 95% für den Ozean und den Rest für die Biosphäre aufgelistet. Was soll damit gesagt werden, daß 95% des Kohlenstoffs zur Zeit im Ozean und 5% in der Biosphäre sind? Meines Wissens ist etwa die Hälfte des heutigen organischen Kohlenstoffs in Form von einzelligen Algen etc. in den Ozeanen und die andere Hälfte in Landpflanzen u. ä.

Herr Mayer-Kuckuk: Das war kein entscheidender Punkt. Ich lasse mir gerne von den Experten sagen, wie die Verhältnisse sind. Was ich sagen wollte, war, daß grob 10% in der Biosphäre sind.

Herr Welte: Gut, das ist richtig. D. h. daß dann etwa 90% als CO_2 oder sonstwie karbonatisch gebunden sind.

Herr Mayer-Kuckuk: Ich meinte die Karbonate insgesamt im Ozean.

Herr Welte: Nun ja, es gibt viel mehr Karabonate, die nicht im Ozean sind. Aber das macht nichts. Es ist jetzt klar, was Sie meinten.

Herr Mayer-Kuckuk: Aber die anderen tauschen sich nicht mit der Atmosphäre aus.

Herr Welte: Nicht direkt, aber es geht indirekt durch die Verwitterung in den Ozean und dann wieder in die Atmosphäre.

Herr Flohn: Es ist mir bekannt, daß seit einiger Zeit die ^{14}C-Datierung durch Anreicherungsmethoden weiter zurück möglich ist, und zwar bis zu Zeitperioden in der Größenordnung von 80 000 Jahren. Liegen jetzt schon Ergebnisse mit diesem neuen Verfahren mit dem Beschleuniger vor, die darüber hinausgehen? Kann man etwas über die mögliche Leistungsfähigkeit aussagen?

Herr Mayer-Kuckuk: Die Grenzen sind noch nicht gut bekannt. Die ersten, die solche Arbeiten gemacht haben, waren die Physiker in Berkeley. Sie begrenzen seit langem ihren Zyklotronstrahl im Innern der Maschine ausgerechnet mit Blenden aus Kohlenstoff, womit sie sich eine Radiokohlenstoffquelle in der eigenen Maschine geschaffen haben. Die hat man natürlich nicht, wenn man einen besonderen Apparat dafür baut. In Berkeley gab das einen Untergrund. Das ist aber ein rein technischer Umstand, der auf einer Zufälligkeit beruht. Von dieser Natur sind im Augenblick häufig die Schwierigkeiten.
Man bekommt immer eine sehr gute Zählstatistik. Aber wie gut man mit der Referenzprobe vergleichen kann, ist eine sehr wichtige Frage. Es ist schwierig, beim Betrieb von Ionenquellen so etwas zu machen. Man muß entweder mit dem ^{12}C-Strahl vergleichen oder mit einer Referenzprobe. An solchen Dingen hängt es aber, welche Genauigkeiten man schließlich erreichen wird. Es ist einfach zu früh, um sagen zu können, wo die Grenzen sein werden.

Herr Döring: Mir ist aufgefallen, daß am Anfang Ihrer Liste der Methoden der Lagebestimmung archäologischer Objekte die Radartechnik nicht vorgekommen ist. Ist das Absicht gewesen? Man kann doch mit speziellen Radargeräten auch die Tiefenlage von Objekten in der Erde bestimmen.

Herr Mayer-Kuckuk: Ich habe keine Vollständigkeit angestrebt.

Herr Quick: Als Sie die Röntgen-Methode beschrieben, hatte ich den Eindruck, daß Sie wegen der Absorption dünne Schichten benötigen. Bei dem Hermes handelt es sich aber um einen kompakten Körper.

Herr Mayer-Kuckuk: Man muß eigentlich zwei Angaben machen, um die Empfindlichkeit zu charakterisieren. Das eine ist die Absolutbestimmung eines Elements in Nanogramm pro cm². Die hohen Empfindlichkeiten der Absolutbestimmung erfordern in der Tat dünne Proben. Bei den dicken Proben handelt es sich um Relativbestimmungen, beispielsweise in part per million. Diese Bestimmungen wurden praktisch mit unendlich dicken Proben gemacht. Unendlich dick heißt: dicker als die Reichweite der Röntgen-Strahlung im Material.

Herr Quick: Das heißt also, daß sich Ihre Ergebnisse auf die Oberflächenschichten beziehen?

Herr Mayer-Kuckuk: Ja, auf jene 100 Mikrometer, aus denen die Röntgen-Strahlen herauskommen. Das ist eine ganz entscheidende Frage: Wie definiert sind die Oberflächen? Ist etwas eindiffundiert? Gibt es Oberflächenveränderungen? Wenn man kratzen kann, ist das natürlich zu entscheiden. Ein Strahlfleck ist ungefähr einen Quadratmillimeter groß. Wenn man irgendwo die Oberfläche abtragen kann, kann man sagen, ob sich etwas signifikant verändert. Oberflächeneffekte sind in der Tat etwas sehr Entscheidendes.

Herr Schreyer: Mich hat fasziniert, daß Sie auch Alter an Sedimenten bestimmen können, und da geht die Methode ja dann zu sehr viel höheren Altern, wenn man etwa die Halbwertzeiten von ^{10}Be und ^{26}Al betrachtet. Das würde aber doch wohl voraussetzen, daß alle diese Sedimente ursprünglich mit der Atmosphäre im Gleichgewicht gestanden haben müssen.

Herr Mayer-Kuckuk: Beryllium 10 wird mit einer Produktionsrate erzeugt, die von der Intensität der Höhenstrahlung abhängt, sinkt dann auf die Erdoberfläche ab und sedimentiert.

Herr Schreyer: Mir ging es um die Voraussetzung. Die Voraussetzung muß doch sein, daß sie im Gleichgewicht gestanden haben; denn sonst bekommen Sie verschobene Werte. Gibt es überhaupt eine andere Möglichkeit, dieses ^{10}Be zu erzeugen, als durch die Höhenstrahlung?

Herr Mayer-Kuckuk: Nein, es entsteht durch Spallationsprozesse. Das erste, was man wissen will, ist die Zeit, die überhaupt notwendig ist, bis das Beryllium herunterfällt. Schon das weiß man nicht.

Herr Schreyer: Sie meinen im Meer, durch das Wasser hindurch?

Herr Mayer-Kuckuk: Ja, in der Atmosphäre und durch das Wasser hindurch. Dafür gibt es Modellvorstellungen. Wenn man etwa eine Variation der kosmischen Strahlung messen will, bewirken Sinkgeschwindigkeit und Mischungsvorgänge eine Dämpfung, die man erst kennen muß. Vielleicht verwischt diese Dämpfung alles.

Herr Wever: Alle Methoden, die auf dem radioaktiven Zerfall beruhen, setzen voraus, daß der radioaktive Zerfall streng nach einer Exponentialkurve verläuft. Das tut er aber doch gar nicht. Das Plutonium hat eine Halbwertzeit von ich weiß nicht wieviel, und das Plutonium in der Atombombe hat eine Zerfallszeit von ich weiß nicht wie wenig. Wenn nun unsere Probe einmal im Laufe ihres Lebens einer verstärkten Strahlung ausgesetzt gewesen ist, dann ist doch unsere Uhr verstellt worden. Oder können so starke Veränderungen in der kosmischen Strahlung niemals vorhanden gewesen sein, so daß dieser Einwand von vornherein ausscheidet?

Herr Mayer-Kuckuk: Ein gewisses Problem sind Doppelaktivierungen, daß also zu einem späteren Zeitpunkt eine neue Aktivierung stattgefunden hat. Es gibt eine ganze Reihe von Beispielen dafür, daß Datierungen nicht übereinstimmen, wo man Modelle entwickeln muß, nach denen einmal eine Bestrahlung stattgefunden hat, die Probe dann eine Zeitlang in Ruhe war und dann zu einem späteren Zeitpunkt von einer anderen Strahlenquelle neu aktiviert wurde.

Herr Wever: Dadurch wird die Uhr verstellt.

Herr Mayer-Kuckuk: Ja. Das Ganze basiert natürlich auf Modellen. Jeder Meßwert hat nur im Rahmen eines Modells Bedeutung. Was man daraus ableitet, ist eine Modellgeschichte oder ein Modellalter. Das ist wie mit den Analysen: Man hat einen gemessenen Zahlenwert mit einem Fehler. Was er im Sinne des Modells, das man bei der Interpretation zugrunde legt, bedeutet, das ist eine Frage, die mit der Meßmethode nichts mehr zu tun hat.

Veröffentlichungen
der Rheinisch-Westfälischen Akademie der Wissenschaften

Neuerscheinungen 1977 bis 1983

Vorträge N
Heft Nr.

NATUR-, INGENIEUR- UND
WIRTSCHAFTSWISSENSCHAFTEN

266	Herbert Giersch, Kiel	Perspektiven der Entwicklung der Weltwirtschaft
	Norbert Szyperski, Köln	Unternehmungs- und Gebietsentwicklung als Aufgabe einzelwirtschaftlicher und öffentlicher Planung
267	Hans Brand, Erlangen	Möglichkeiten und Grenzen einer technischen Nutzung der Sonnenenergie
	Karl-Friedrich Knoche, Aachen	Thermochemische Wasserzersetzungsprozesse
268	Bartel Leendert van der Waerden, Zürich	Die vier Wissenschaften der Pythagoreer
	Hans Hermes, Freiburg i. Br.	Hundert Jahre formale Logik
269	Karl Ernst Wohlfarth-Bottermann, Bonn	Cytoplasmatische Actomyosine und ihre Bedeutung für Zellbewegungen
	Ernst Zebe, Münster	Anaerober Stoffwechsel bei wirbellosen Tieren
270	Ronald Mason, Brighton, U. K.	The Evolution of a Coordination and Organometallic Chemistry of Surfaces
	Max Schmidt, Würzburg	Elementarer Schwefel – neue Fragen zu einem alten Problem
271	Wolfgang Flaig, Braunschweig	Fortschritte auf dem Gebiet der Biochemie des Bodens im Bezug zur pflanzlichen Produktion (Übersicht)
	Hermann Kick, Bonn	Probleme der Düngung in der modernen Landwirtschaft
272	Dietrich W. Lübbers, Dortmund	Die Sauerstoffversorgung der Warmblüterorgane unter normalen und pathologischen Bedingungen
	Gerhard Neuweiler, Frankfurt/M.	Die Echoortung der Fledermäuse
273	Ulrich Bonse, Dortmund	Interferometrie mit Röntgen- und Neutronenstrahlen
	Horst Stegemeyer, Paderborn	Flüssige Kristalle: Strukturen, Eigenschaften und Bedeutung
274	Kurt Fränz, Ulm	Humanismus und Technik – Variationen über ein altes Thema
275	Joseph Rutenfranz, Dortmund	Arbeitsphysiologische Grundprobleme von Nacht- und Schichtarbeit
	Rainer Bernotat, Meckenheim	Ergonomische Gestaltung von Mensch-Maschine-Systemen
276	Gerhard Fels, Kiel	Wiederbelebung der privaten Investitionstätigkeit als wirtschaftspolitische Aufgabe
	Herbert Hax, Köln	Finanzwirtschaftliche Planung in der Unternehmung bei Geldentwertung
277	Friedrich Liebau, Kiel	Fortschritte auf dem Gebiet der Kristallchemie der Silikate
278	Heinrich Kuttruff, Aachen	Gelöste und ungelöste Fragen der Konzertsaalakustik
	Hermann Schenck, Aachen	Prosperität und Handlungsfreiheit der Stahlindustrie im Kraftfeld konjunktureller und struktureller Bewegungen
279	Joseph Straub, Köln	Züchtungsforschung im Dienste der Ernährung
		Jahresfeier am 3. Mai 1978
280	Heinrich Mandel, Essen	Die Kernenergie im Spannungsfeld zwischen wirtschaftlicher Nutzung und öffentlicher Billigung
281	Wolfgang Zerna, Bochum	Probleme des Spannbetons
	Karl Kordina, Braunschweig	Über das Brandverhalten von Bauteilen und Bauwerken
282	Werner H. Hauss, Münster	Über die Möglichkeit, Koronarsklerose und Herzinfarkt zu verhüten und zu behandeln
	Ludwig E. Feinendegen, Jülich	Externe Messung von Herzstruktur und -funktion
283	Gotthilf Hempel, Kiel	Meeresfischerei als ökologisches Problem
	Eugen Seibold, Kiel	Rohstoffe in der Tiefsee – Geologische Aspekte
284	Heinz-Günther Wittmann, Berlin	Ribosomen und Proteinbiosynthese
285	Helmut Domke, Aachen	Sicherungsmaßnahmen gegen Bergschäden und Erdbeben
	Friedrich-Wilhelm Gundlach, Berlin	Der Einfluß des Regens auf die Ausbreitung von Mikrowellen
286	Horst Rollnik, Bonn	Ideen und Experimente für eine einheitliche Theorie der Materie
287	John C. Harsanyi, Berkeley, Bonn	A new solution concept for both cooperative and noncooperative games
	Reinhard Selten, Bielefeld	Experimentelle Wirtschaftsforschung
288	Friedrich Hund, Göttingen	Die Rolle des Dualismus Welle-Teilchen beim Werden der Quantentheorie
	Claus Müller, Aachen	Neue Verfahren zur Lösung der elliptischen Randwertprobleme der Mathematischen Physik
289	Ulrich Hütter, Stuttgart	Moderne Windturbinen
	Rudolf Schulten, Jülich	Kernenergietechnik heute

290	Paul Arthur Mäcke, Aachen	Planerische Möglichkeiten für einen humanen Stadtverkehr
	Karlheinz Roik, Bochum	Schrägseilbrücken – Beispiele und Entwicklungstendenzen im modernen Stahlbrückenbau
291	Stefan Vogel, Wien	Florengeschichte im Spiegel blütenökologischer Erkenntnisse
	Walter Larcher, Innsbruck	Klimastreß im Gebirge – Adaptationstraining und Selektionsfilter für Pflanzen
292	Günther Gerisch, Basel	Periodische Enzymaktivierung als Kontrollfaktor multizellulärer Entwicklung
	Jens Blauert, Bochum	Neuere Ergebnisse zum räumlichen Hören
293	Franz Grosse-Brockhoff, Düsseldorf	Herzbehandlung mit dem ‚Fingerhut' einst und jetzt
294	Norbert Kloten, Stuttgart	Das Europäische Währungssystem. Eine europäische Grundentscheidung im Rückblick
295	Karl Schindler, Bochum	Die Magnetosphäre der Erde und ihre Dynamik
296	Eugene P. Cronkite, New York	The hungry granulocyte – Its fate and regulation of production
297	Volker Aschoff, Aachen	Aus der Geschichte der Telegraphen-Codes
	Hans Dieter Lüke, Aachen	Moderne Probleme der Nachrichten-Codierung
298	Karl Kremer, Düsseldorf	Kunststoffe in der Chirurgie
	Gerd Meyer-Schwickerath, Essen	Augenoperationen in mikroskopischen Dimensionen
299	Wolfgang Backé, Aachen	Die Rolle der Fluidtechnik bei der Entwicklung neuartiger Maschinenkonzepte
	Rolf Staufenbiel, Aachen	Entwicklung des zivilen Luftverkehrs unter den Aspekten der Umweltbelastung und dem Zwang von Energieersparnis
300	Hans Adolf Krebs, Oxford	On asking the right kind of question in biological research
	Jozef Schell, Köln	Neue Aussichten für die Pflanzenzüchtung: Gen-Übertragung mit dem Ti-Plasmid
301	Gerhard M. Schneider, Bochum	Fluide Mischungen bei hohen Drücken
	Albrecht Maas, Bonn	Direktbeobachtung und Analyse von Kristallwachstumsvorgängen im hochauflösenden Transmissions-Elektronenmikroskop
302	Albrecht Rabenau, Stuttgart	Lithiumnitrid und verwandte Stoffe
	Ulrich Wannagat, Braunschweig	Sila-Substitutionen
303	Hans K. Schneider, Köln	Wirtschaftliches Wachstum – trotz erschöpfbarer natürlicher Ressourcen? Jahresfeier am 11. Juni 1980
304	Hermann Flohn, Bonn	Kohlendioxyd, Spurengase und Glashauseffekt: ihre Rolle für die Zukunft unseres Klimas
305	Heinz Duddeck, Braunschweig	Die Entwicklung der technischen Wissenschaft ‚Tunnelbau'
	Wolfgang Zerna, Bochum	Tanks für kryogene Flüssigkeiten
306	Harald Schäfer, Münster	Der Einfluß von Gasen auf die Reaktionsfähigkeit fester Stoffe
	Herbert Döring, Aachen	75 Jahre Hochvakuumelektronenröhren
307	Hans J. Zassenhaus, Ohio	Über die konstruktive Behandlung mathematischer Probleme
	Max Koecher, Münster	Von Matrizen zu Jordan-Tripelsystemen
308	William F. Pohl, Minnesota	The Application of Global Differential Geometry to the Investigation of Topological Enzymes and the Spatial Structure of Polymers
	Lothar Jaenicke, Köln	Chemotaxis – Signalaufnahme und Respons einzelliger Lebewesen
309	Harald Ibach, Jülich/Aachen	Zur Physik und Chemie der Festkörperoberfläche
310	Edmond Malinvaud, Paris	La profitabilité comme facteur de l'investissement
	Burkart Lutz, München	Einige Aspekte von Theorie und Empirie segmentierter Arbeitsmärkte
311	Jürgen Schmitt, Aachen	Der Mensch im elektromagnetischen Feld
	Günter Rau, Aachen	Ergonomie in der Medizin
312	Klaus Heckmann, Münster	Über omikron-Partikel und andere Symbionten von Ciliaten
	Detlev Riesner, Düsseldorf	Viroide: Struktur und Funktion der kleinsten Krankheitserreger
313	Sven Effert, Aachen	Arrhythmien des Herzens
314	Kurt Schmidt, Mainz	Verlockungen und Gefahren der Schattenwirtschaft
315	Eckart Reiche, Krefeld	Tagebau Hambach: Voraussetzungen – Probleme – Lösungen
	Hans-Ulrich Schmincke, Bochum	Vulkane und ihre Wurzeln
316	Roland Kammel, Berlin	Umweltschutz durch Abwasserelektrolyse
	Ernst-Ulrich Reuther, Aachen	Zur Problematik tiefer Bergwerke
317	Wilfried König, Aachen	Fertigungstechnologie in den neunziger Jahren
	Manfred Weck, Aachen	Werkzeugmaschinen im Wandel
318	Heinz Maier-Leibnitz, München	Die Wirkung bedeutender Forscher und Lehrer – Erlebtes aus fünfzig Jahren
	Reimar Lüst, München	Derzeitige Bedingungen und Möglichkeiten für Forschung in der Bundesrepublik Deutschland
319	Theo Mayer-Kuckuk, Bonn	Hermes und das Schaf – interdisziplinäre Anwendungen kernphysikalischer Beschleuniger

ABHANDLUNGEN

Band Nr.

33	Heinrich Behnke und Klaus Kopfermann (Hrsg.), Münster	Festschrift zur Gedächtnisfeier für Karl Weierstraß 1815–1965
34	Joh. Leo Weisgerber, Bonn	Die Namen der Ubier
35	Otto Sandrock, Bonn	Zur ergänzenden Vertragsauslegung im materiellen und internationalen Schuldvertragsrecht. Methodologische Untersuchungen zur Rechtsquellenlehre im Schuldvertragsrecht
36	Iselin Gundermann, Bonn	Untersuchungen zum Gebetbüchlein der Herzogin Dorothea von Preußen
37	Ulrich Eisenhardt, Bonn	Die weltliche Gerichtsbarkeit der Offizialate in Köln, Bonn und Werl im 18. Jahrhundert
38	Max Braubach, Bonn	Bonner Professoren und Studenten in den Revolutionsjahren 1848/49
39	Henning Bock (Bearb.), Berlin	Adolf von Hildebrand, Gesammelte Schriften zur Kunst
40	Geo Widengren, Uppsala	Der Feudalismus im alten Iran
41	Albrecht Dihle, Köln	Homer-Probleme
42	Frank Reuter, Erlangen	Funkmeß. Die Entwicklung und der Einsatz des RADAR-Verfahrens in Deutschland bis zum Ende des Zweiten Weltkrieges
43	Otto Eißfeld, Halle, und Karl Heinrich Rengstorf (Hrsg.), Münster	Briefwechsel zwischen Franz Delitzsch und Wolf Wilhelm Graf Baudissin 1866–1890
44	Reiner Haussherr, Bonn	Michelangelos Kruzifixus für Vittoria Colonna. Bemerkungen zu Ikonographie und theologischer Deutung
45	Gerd Kleinheyer, Regensburg	Zur Rechtsgestalt von Akkusationsprozeß und peinlicher Frage im frühen 17. Jahrhundert. Ein Regensburger Anklageprozeß vor dem Reichshofrat. Anhang: Der Statt Regenspurg Peinliche Gerichtsordnung
46	Heinrich Lausberg, Münster	Das Sonett *Les Grenades* von Paul Valéry
47	Jochen Schröder, Bonn	Internationale Zuständigkeit. Entwurf eines Systems von Zuständigkeitsinteressen im zwischenstaatlichen Privatverfahrensrecht aufgrund rechtshistorischer, rechtsvergleichender und rechtspolitischer Betrachtungen
48	Günther Stökl, Köln	Testament und Siegel Ivans IV.
49	Michael Weiers, Bonn	Die Sprache der Moghol der Provinz Herat in Afghanistan
50	Walther Heissig (Hrsp.), Bonn	Schriftliche Quellen in Moġolī. 1. Teil: Texte in Faksimile
51	Thea Buyken, Köln	Die Constitutionen von Melfi und das Jus Francorum
52	Jörg-Ulrich Fechner, Bochum	Erfahrene und erfundene Landschaft. Aurelio de' Giorgi Bertòlas Deutschlandbild und die Begründung der Rheinromantik
53	Johann Schwartzkopff (Red.), Bochum	Symposium ‚Mechanoreception'
54	Richard Glasser, Neustadt a. d. Weinstr.	Über den Begriff des Oberflächlichen in der Romania
55	Elmar Edel, Bonn	Die Felsgräbernekropole der Qubbet el Hawa bei Assuan. II. Abteilung. Die althieratischen Topfaufschriften aus den Grabungsjahren 1972 und 1973
56	Harald von Petrikovits, Bonn	Die Innenbauten römischer Legionslager während der Prinzipatszeit
57	Harm P. Westermann u. a., Bielefeld	Einstufige Juristenausbildung. Kolloquium über die Entwicklung und Erprobung des Modells im Land Nordrhein-Westfalen
58	Herbert Hesmer, Bonn	Leben und Werk von Dietrich Brandis (1824–1907) – Begründer der tropischen Forstwirtschaft. Förderer der forstlichen Entwicklung in den USA. Botaniker und Ökologe
59	Michael Weiers, Bonn	Schriftliche Quellen in Moġolī, 2. Teil: Bearbeitung der Texte
60	Reiner Haussherr, Bonn	Rembrandts Jacobssegen. Überlegungen zur Deutung des Gemäldes in der Kasseler Galerie
61	Heinrich Lausberg, Münster	Der Hymnus ›Ave maris stella‹
62	Michael Weiers, Bonn	Schriftliche Quellen in Moġolī, 3. Teil: Poesie der Mogholen
63	Werner H. Hauss (Hrsg.), Münster, Robert W. Wissler, Chicago, Rolf Lehmann, Münster	International Symposium 'State of Prevention and Therapy in Human Arteriosclerosis and in Animal Models'
64	Heinrich Lausberg, Münster	Der Hymnus ›Veni Creator Spiritus‹
65	Nikolaus Himmelmann, Bonn	Über Hirten-Genre in der antiken Kunst
66	Elmar Edel, Bonn	Die Felsgräbernekropole der Qubbet el Hawa bei Assuan. Paläographie der althieratischen Gefäßaufschriften aus den Grabungsjahren 1960 bis 1973
67	Elmar Edel, Bonn	Hieroglyphische Inschriften des Alten Reiches
68	Wolfgang Ehrhardt, Athen	Das akademische Kunstmuseum der Universität Bonn unter der Direktion von Friedrich Gottlieb Welcker und Otto Jahn

Sonderreihe
PAPYROLOGICA COLONIENSIA

Vol. I

Aloys Kehl, Köln   Der Psalmenkommentar von Tura, Quaternio IX

Vol. II

Erich Lüddeckens, Würzburg,   Demotische und Koptische Texte
P. Angelicus Kropp O. P., Klausen,
Alfred Hermann und Manfred Weber, Köln

Vol. III

Stephanie West, Oxford   The Ptolemaic Papyri of Homer

Vol. IV

Ursula Hagedorn und Dieter Hagedorn, Köln,   Das Archiv des Petaus (P. Petaus)
Louise C. Youtie und Herbert C. Youtie, Ann Arbor

Vol. V

Angelo Geißen, Köln   Katalog Alexandrinischer Kaisermünzen der Sammlung des Instituts für Altertumskunde der Universität zu Köln
Band 1: Augustus-Trajan (Nr. 1–740)
Band 2: Hadrian-Antoninus Pius (Nr. 741–1994)
Band 3: Marc Aurel-Gallienus (Nr. 1995–3014)

Vol. VI

J. David Thomas, Durham   The epistrategos in Ptolemaic and Roman Egypt
Part 1: The Ptolemaic epistrategos
Part 2: The Roman epistrategos

Vol. VII

  Kölner Papyri (P. Köln)
Bärbel Kramer und Robert Hübner (Bearb.), Köln   Band 1
Bärbel Kramer und Dieter Hagedorn (Bearb.), Köln   Band 2
Bärbel Kramer, Michael Erler, Dieter Hagedorn   Band 3
und Robert Hübner (Bearb.), Köln
Bärbel Kramer, Cornelia Römer   Band 4
und Dieter Hagedorn (Bearb.), Köln

Vol. VIII

Sayed Omar, Kairo   Das Archiv des Soterichos (P. Soterichos)

Vol. IX

  Kölner ägyptische Papyri (P. Köln ägypt.)
Dieter Kurth, Heinz-Josef Thissen und   Band 1
Manfred Weber (Bearb.), Köln

Vol. X

Jeffrey S. Rusten, Cambridge, Mass.   Dionysius Scytobrachion

Verzeichnisse sämtlicher Veröffentlichungen der
Rheinisch-Westfälischen Akademie der Wissenschaften können beim
Westdeutschen Verlag GmbH, Postfach 30 06 20, 5090 Leverkusen 3 (Opladen),
angefordert werden

MIX
Papier aus verantwortungsvollen Quellen
Paper from responsible sources
FSC® C105338

If you have any concerns about our products,
you can contact us on
ProductSafety@springernature.com

In case Publisher is established outside the EU,
the EU authorized representative is:
**Springer Nature Customer Service Center GmbH
Europaplatz 3, 69115 Heidelberg, Germany**

Printed by Libri Plureos GmbH
in Hamburg, Germany